Heinz Dockter

Gabelstapler – aber sicher!

Lehrgang zum Führen von Flurförderzeugen
nach DGUV Grundsatz 308-001

ecomed
SICHERHEIT

Bibliografische Informationen der Deutschen Nationalbibliothek

Die Deutsche Nationalbibliothek verzeichnet diese Publikation in der Deutschen Nationalbibliografie; detaillierte bibliografische Daten sind im Internet über <http://www.dnb.de> abrufbar.

Bei der Herstellung des Werkes haben wir uns zukunftsbewusst für umweltverträgliche und wiederverwertbare Materialien entschieden.

ISBN 978-3-609-**69521-1**

E-Mail: kundenservice@ecomed-storck.de
Telefon: 089/2183-7922
Telefax: 089/2183-7620

3. Auflage 2023

www.ecomed-storck.de

Umschlagfoto: R. Kneschke – fotolia.de

Druck: Printed in Germany

Vorwort

Sehr geehrter Benutzer dieses kleinen Handbuches: Zunächst einen herzlichen Glückwunsch an Sie, dass Sie die Qualifizierung zum Führen von Flurförderzeugen durchlaufen dürfen. Ihr Unternehmer traut Ihnen dies zu!

Das Buch hält sich in den Aussagen strikt an die berufsgenossenschaftlichen Vorschriften, insbesondere an den DGUV Grundsatz 308-001.

Unser kleiner Gabelstaplerfahrer zeigt Ihnen,

wie Sie mit festen Abläufen, bestimmten Verhaltensweisen oder besonderen Checks für Sicherheit sorgen können,

wo besondere Gefahren lauern und

wo Sie mit Testfragen Ihr erlerntes Wissen überprüfen können.

Am Ende jedes Kapitels finden Sie Übungsaufgaben zur Prüfungsvorbereitung. Zu jeder der Fragen ist nur eine Antwort richtig. Die Lösungen zu den Aufgaben finden Sie am Ende des Buches.

Dieses kleine Handbuch und die anderen Unterlagen können nicht für die Qualifizierung für Bediener von geländegängigen Teleskopstaplern nach DIN EN 1459-1 und -2 verwendet werden. Für diese gelten der DGUV Grundsatz 308-009 „Qualifizierung und Beauftragung der Fahrerinnen und Fahrer von geländegängigen Teleskopstaplern“ und die bereitgestellten Unterlagen vom ecomed-Verlag.

Mein herzlicher Dank gilt allen, die mich in irgendeiner Weise beim Verfassen dieses Buches unterstützt haben, insbesondere der Firma Ziegler Gabelstapler GmbH in Gersthofen.

Sollten Sie, trotz aller sorgfältigen Recherche, Fehler finden, senden Sie uns bitte eine E-Mail an Heinz@StaplerHeinz.de oder an theresa.heim@ecomed-storck.de. Herzlichen Dank!

Die Größe des Buches ist so gewählt, dass Sie es leicht mitnehmen und z.B. in Ihrem Umkleidespind verstauen können.

In diesem Handbuch werden alle Geschlechter gleichermaßen angesprochen, aufgrund der besseren Lesbarkeit wird jedoch nur die männliche Form verwendet.

Viel Spaß und natürlich viel Erfolg bei der Qualifizierung und Prüfung!

Heinz Dockter
Burgau, März 2023

Inhaltsverzeichnis

1. Warum rechtliche Grundlagen?

Es gibt einen guten Grund, die Vorschriften zu kennen:

Unwissenheit schützt vor Strafe nicht!

Alle Vorschriften bis ins kleinste Detail zu kennen ist unmöglich. Dieses Buch und die Präsentation Ihres Trainers versuchen die **wichtigsten** Dinge im Folgenden für Sie zusammenzufassen.

Berufsgenossenschaftliche Vorschriften

- DGUV Vorschrift 1 „Grundsätze der Prävention"
- DGUV Vorschrift 68 „Flurförderzeuge"
- DGUV Empfehlungen für arbeitsmedizinische Beratungen und Untersuchungen Kapitel 2.2 „DGUV Empfehlungen zur Eignungsbeurteilung"
- DGUV Grundsatz 308-001 „Qualifizierung und Beauftragung der Fahrerinnen und Fahrer von Flurförderzeugen außer geländegängigen Teleskopstaplern"

Gesetze und Verordnungen

- ProdSG „Produktsicherheitsgesetz"
- 9. ProdSGV „Neunte Verordnung Produktsicherheitsgesetz (Maschinenverordnung)"
- BetrSichV „Betriebssicherheitsverordnung"
- ArbSchG „Arbeitsschutzgesetz"
- StVO „Straßenverkehrs-Ordnung"
- StVZO „Straßenverkehrs-Zulassungs-Ordnung"
- FeV „Fahrerlaubnis-Verordnung"
- BGB „Bürgerliches Gesetzbuch"

Wichtige Anweisungen

- Betriebsanweisungen des Arbeitgebers
- Arbeitsanweisungen des Arbeitgebers
- Bedienungsanleitung des Herstellers

Anwendung des DGUV Grundsatz 308-001

Die Qualifizierung nach DGUV Grundsatz 308-001 ist für Flurförderzeuge mit Fahrersitz oder Fahrerstand vorgeschrieben.

Flurförderzeuge (z.B. Gabelhubwagen), die durch einen mitgehenden Fahrer gesteuert werden, sind von dieser Qualifizierung ausgenommen. Bei solchen von Hand gezogenen Geräten ist eine gründliche Einweisung ausreichend.

Voraussetzungen zum Führen von Flurförderzeugen

1. Sie sind mindestens 18 Jahre alt.
2. Sie sind körperlich, geistig und charakterlich geeignet. Hier ist eine Untersuchung durch einen Arzt (z.B. Betriebsarzt) vor Aufnahme der Tätigkeit und danach in regelmäßigen Abständen durchzuführen.
3. Sie sind ausgebildet und geprüft.
4. Sie sind vom Unternehmer schriftlich beauftragt.
5. Bei einem Einsatz im öffentlichen Straßenverkehr besitzen Sie eine entsprechende Fahrerlaubnis.

Gliederung und Umfang der Qualifizierung nach DGUV Grundsatz 308-001

Stufe 1: Allgemeine Qualifizierung	
Theoretischer Teil:	**Praktischer Teil:**
Sicherheitsbestimmungen (z.B. Unfallverhütungsvorschriften, Betriebsanleitungen) Gerätetechnik (z.B. Standsicherheit, Antriebsarten)	Aufnehmen, Transportieren, Absetzen und Stapeln von Lasten Gebrauch von üblichen Anbaugeräten
Abschlussprüfung	

Stufe 2: Zusatzqualifizierung
Qualifizierung in Theorie und Praxis im Umgang mit speziellen Flurförderzeugen, z.B. Schubmaststapler, Seitenstapler, Teleskopstapler zum Containerhandling (Reachstacker), Gabelstapler zum Containerhandling. Qualifizierung in der Handhabung besonderer Anbaugeräte, z.B. Klammern für Gewichte größer als 1 t.
Abschlussprüfung

Stufe 3: Betriebliche Qualifizierung	
Gerätebezogener Teil:	**Verhaltensbezogener Teil:**
Betrifft die im Betrieb vorhandenen Flurförderzeuge und Anbaugeräte	Betrifft die Betriebsanweisung nach § 5 der Unfallverhütungsvorschrift „Flurförderzeuge“ (DGUV Vorschrift 68)
Durchführung dokumentieren	

Fahrausweis und Zertifikat

Nach bestandener theoretischer und praktischer Prüfung am Ende der Allgemeinen Qualifizierung erhalten Sie Ihren Fahrausweis und das Lehrgangszertifikat. Diese kann auf einem Extra-Dokument ausgegeben werden oder auch direkt im Fahrausweis eingetragen sein.

Der Fahrausweis gilt lebenslang. Fertigen Sie sich zu Ihrer Sicherheit – falls Sie den Fahrausweis verlieren sollten – eine Kopie an. Mit dieser Kopie nehmen Sie dann Verbindung mit der Qualifizierungsstelle auf. Das Lehrgangszertifikat ist für Ihre Unterlagen bestimmt und dient auch zum Nachweis der Qualifizierung mit einer bestandenen theoretischen und praktischen Prüfung.

Schriftliche Beauftragung durch den Unternehmer

Damit Sie nun auch in Ihrem Unternehmen als Gabelstaplerfahrer eingesetzt werden können, muss Ihr Chef oder Abteilungsleiter Sie schriftlich beauftragen.

Diese Beauftragung gilt solange, bis sie widerrufen wird.

Die Beauftragung ist Ihre offizielle Genehmigung durch die Geschäftsleitung. Bitte bewahren Sie diese gut auf.

Betriebliche Weiterbildungen und Einweisungen

Ihr Unternehmer muss Sie in regelmäßigen Abständen (mindestens jährlich) über Sicherheit und Gesundheitsschutz unterweisen.

Sollte der Unternehmer andere neue oder gebrauchte Flurförderzeuge beschaffen, die Sie bedienen sollen, so müssen Sie auf diesen neuen Geräten eingewiesen werden.

Alles klar?

1.	Wie alt muss der Gabelstaplerfahrer mindestens sein?
A	14 Jahre
B	18 Jahre
C	21 Jahre
D	24 Jahre

2.	Wie wird der Gabelstaplerfahrer beauftragt?
A	Schriftlich
B	Mündlich
C	Durch „Hand auflegen“
D	Durch Zuruf

3.	Durch wen wird der Bediener eines Flurförderzeuges beauftragt?
A	Durch einen anderen Staplerfahrer
B	Durch den Vorgänger, der in Rente geht
C	Überhaupt nicht
D	Durch den Unternehmer

4.	Wie lange gilt der Fahrauftrag?
A	Lebenslang
B	Bis zur Änderung der Tätigkeit
C	Für ein Jahr
D	Bis er widerrufen wird

5.	Wann benötigt der Staplerfahrer eventuell eine Fahrerlaubnis?
A	Niemals
B	Wenn er im öffentlichen Verkehrsraum fährt
C	Wenn er jünger als 18 Jahre ist
D	Bei Gabelstaplern ab 40 km/h

6.	In welchen Mindestabständen muss der Staplerfahrer unterwiesen werden?
A	Monatlich
B	Vierteljährlich
C	Jährlich
D	Alle 2 Jahre

7.	Wann muss eine Eignungsuntersuchung durch einen Arzt erfolgen?
A	Vor Aufnahme der Tätigkeit und dann in regelmäßigen Abständen
B	Nach Aufnahme der Tätigkeit und dann in regelmäßigen Abständen
C	Innerhalb von 2 Jahren nach Aufnahme der Tätigkeit
D	Alle 4 Jahre

8.	Sie bekommen einen neuen Gabelstapler. Was muss geschehen?
A	Ich mache nur eine Probefahrt.
B	Ich lese nur die Bedienungsanleitung des Gabelstaplers.
C	Ich muss nur den Gabelstapler bedienen können.
D	Ich studiere die Bedienungsanleitung des Gabelstaplers und werde vom Unternehmer eingewiesen.

9.	Sie verlieren den Ausweis zum Führen eines Flurförderzeuges. Was tun Sie?
A	Nichts
B	Ich frage meinen Kollegen.
C	Ich rufe bei der Auskunft an.
D	Ich verwende die Kopie des Fahrausweises und nehme Verbindung mit meiner Qualifizierungsstätte auf.

10.	Benötigen Sie zum Führen eines Mitgängerfahrzeuges einen Fahrausweis?
A	Ja
B	Nein
C	Manchmal
D	Kommt auf die Größe an

2. Wie groß ist die Unfallgefahr?

Eventuell stellen Sie sich die Frage, ob der Gabelstapler an sich oder die Bedienung wirklich gefährlich ist. Es ist immer wieder erschreckend, wie viele Unfälle jährlich gerade hier entstehen. So registrieren die Berufsgenossenschaften

- ungefähr 10.000 Unfälle jährlich,
- ungefähr 10 Tote jedes Jahr.

Dabei haben sich drei Unfallarten als Schwerpunkte herausgestellt:

1. **Das Anfahren von Personen**

   macht mit zirka 50 % den Hauptanteil aus. Verursacht werden diese Unfälle vor allem beim Rückwärtsfahren, ohne nach hinten zu schauen. Gerade beim Rückwärtsfahren ist der Schulterblick von entscheidender Wichtigkeit. Nur so können Sie den Bereich hinter Ihrem Gabelstapler vollständig einsehen.

Abb. 2.1
Der unfallverhütende Schulterblick

Ein vorhandener Spiegel entbindet Sie nicht vom Schulterblick!

2. **Unfälle beim Auf- oder Absteigen**

   Zirka 20 % der jährlichen Unfälle mit Gabelstaplern werden durch unsachgemäßes Auf- oder Absteigen verursacht. Ein Bänderriss ist schnell passiert und verursacht für Sie verletzungsbedingt eine Auszeit von zirka sechs Wochen.

Abb. 2.2
Auf- und Absteigen will gelernt sein

Kontrollieren Sie Ihr Fahrzeug auf Verschmutzungen (gerade auch auf Schnee, Eis oder Wasser) **und tragen Sie immer Ihre Sicherheitsschuhe mit rutschfester Sohle und die weitere vorgeschriebene persönliche Schutzausrüstung!**

3. **Umstürzen des Gabelstaplers**
   Die dritte Unfallursache, die leider sehr oft für tödliche Unfälle bei den Fahrern sorgt, ist das Kippen des Gabelstaplers. Im Bild unten wird nicht das eigentliche Kippen dargestellt, sondern Ihre Lebensversicherung bei einem Umstürzen des Gabelstaplers.

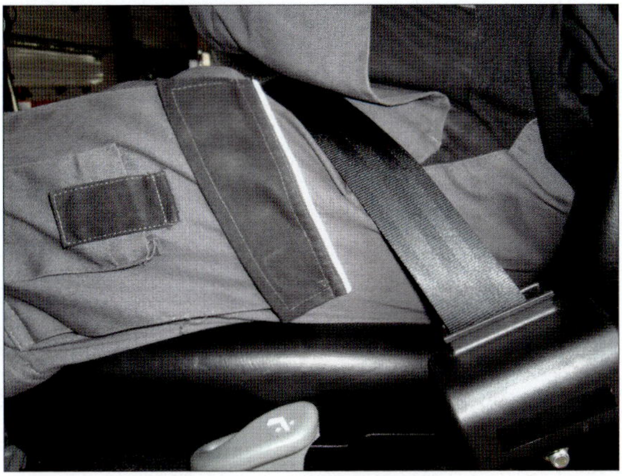

Abb. 2.3
Angelegter Sicherheitsgurt

Legen Sie den vorhandenen Sicherheitsgurt immer an!
Ihr Leben sollte es Ihnen wert sein – oder?

Alles klar?

1.	Wann passieren die meisten Anfahrunfälle im Umgang mit Flurförderzeugen?
A	Das ist nicht mein Problem
B	Beim Vorwärtsfahren und freier Sicht
C	Beim Rückwärtsfahren ohne Schulterblick
D	Bei der Benutzung von Spiegeln beim Vorwärtsfahren

2.	Warum sollte der Gabelstaplerfahrer Sicherheitsschuhe bei der Arbeit tragen?
A	Um andere vor Verletzungen zu schützen
B	Weil es dem Chef gefällt
C	Es wird von der Berufsgenossenschaft gefordert.
D	Um sich während der Arbeit vor Fußverletzungen zu schützen

3.	Geschehen im Umgang mit Gabelstaplern auch tödliche Unfälle?
A	Nein. Der Gabelstapler ist absolut sicher.
B	Ja, aber nur in Freibereichen
C	Nein, die Bediener sind zu gut ausgebildet.
D	Ja. Gerade das Umstürzen des Flurförderzeuges ist hier die Hauptunfallursache.

4.	Wer wird bei Anfahrunfällen verletzt?
A	Nur der Fahrer des Gabelstaplers
B	Immer der Chef
C	Niemand
D	Arbeitskollegen und der Bediener des Flurförderzeuges

5.	Wann muss ein vorhandener Sicherheitsgurt angelegt werden?
A	Immer, sobald der Gabelstapler bedient wird
B	Nur wenn im öffentlichen Verkehrsraum gefahren wird
C	Nie
D	Bei Gabelstaplern ab 60 km/h

3. Kennen Sie den Aufbau und die Funktion von Flurförderzeugen und ihren Anbaugeräten?

Was ist eigentlich ein Flurförderzeug? Nach § 2 der DGUV Vorschrift 68 wird ein Flurförderzeug dadurch gekennzeichnet, dass es

- Räder besitzt, die frei lenkbar auf dem Flur (Boden) laufen,
- zum Befördern, Ziehen oder Schieben von Lasten eingerichtet ist und
- zur innerbetrieblichen Verwendung bestimmt ist.

Hier drei Abbildungen von üblichen Flurförderzeugen:

Abb. 3.1 Niederhubwagen (Ameise)

Abb. 3.2 Elektro-Fahrersitzgerät

Abb. 3.3 Gabelhubwagen

Für diese beiden Niederflurwagen benötigen Sie die Qualifizierung nach dem DGUV Grundsatz 308-001.

Abb. 3.4 Fahrerstandgerät

Abb. 3.5 Fahrerstandgerät

Nur bei Fahrzeugen, bei denen Sie mitlaufen – sogenannte Mitgänger-Flurförderzeuge *(siehe z.B. Abb. 3.3)* – sind Sie von dieser Qualifizierungspflicht befreit.

Fabrikschild

An jedem Flurförderzeug muss ein Fabrikschild mit folgenden Angaben angebracht sein:

1. Hersteller, Typ, Baujahr und Fabriknummer
2. Nenntragfähigkeit und Leergewicht
3. Konformitätszeichen (CE-Kennung)

Bei Elektrogeräten zusätzlich Batteriegewicht (Minimum und Maximum) und Batteriespannung.

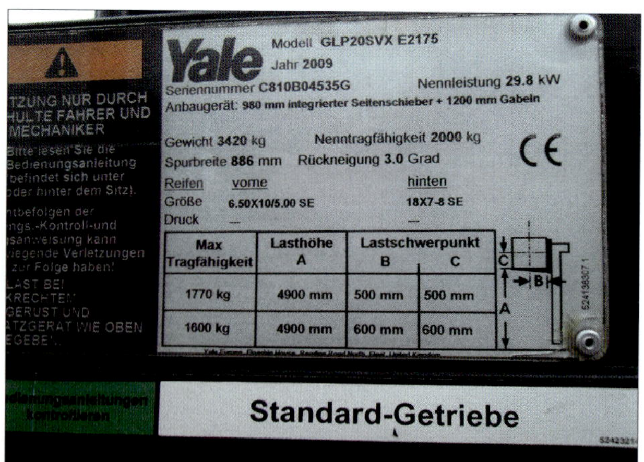

Abb. 3.6
Fabrikschild
Gabelstapler

Es ist wichtig, dass das Fabrikschild vorhanden und lesbar ist.

Am Fabrikschild können Sie ablesen, wie schwer der Gabelstapler ohne Last (Leergewicht) ist, aber natürlich auch (indirekt), wie viel er voll beladen wiegen darf, nämlich: Leergewicht + Nenntragfähigkeit.

Diese Informationen sind bei der Benutzung von Aufzügen oder beim Fahren in Räumen mit begrenzter Bodenbelastung sehr wichtig. Auch können Sie und Ihr Unternehmer sich mit den Angaben des Fabrikschildes an den Hersteller des Fahrzeuges wenden und eine eventuell fehlende Bedienungsanleitung anfordern.

Hauptbauteile eines Flurförderzeuges

Die unten aufgeführten Hauptbauteile gelten zwar für alle Flurförderzeuge, jedoch kann sich das Gerät, mit dem Sie arbeiten, durch eine spezifische Sondereinsatzmöglichkeit gravierend von dem hier gezeigten und erklärten Bild unterscheiden. (Auch die Definition des Flurförderzeuges auf Seite 13 ist insofern sehr allgemein gehalten.) Hinweise zur täglichen Funktions- und Sichtprüfung der Bauteile erhalten Sie in Kapitel 7.

Abb. 3.7 Hauptbauteile des Gabelstaplers

Hubrahmen/Hubgerüst:
Ist das Rückgrat des Gabelstaplers. Durch das Hubgerüst kann die Last nach oben und unten bewegt, aber auch nach vorn oder zurück geneigt werden. Bei Sondergeräten ist auch ein Vor- und Zurückfahren der Last möglich. Hubhöhen von 10 Metern oder sogar darüber können erreicht werden.

Lastkette und Lastrollen:
Sie dienen zur Führung des Gabelträgers im Hubgerüst.

Hubzylinder:
Durch den Hubzylinder wird die Kette gespannt oder entlastet und der Gabelträger wird dadurch in die jeweilige Richtung verschoben.

Fahrersitz:
Im Sitz sollten Sie zum einen natürlich bequem sitzen. Aber zu Ihrer und aller anderen Sicherheit müssen Sie die Bedienelemente sicher und schnell benutzen können. Das weit verbreitete Liegen im Sitz ist hier bestimmt nicht die Einstellung der Wahl! Denken Sie bitte auch an das Anschnallen!

Fahrerschutzdach:
Ihr Schutz beim Umstürzen oder Anfahren von Gegenständen durch den Gabelstapler!

Gabelzinken:
Die Arme des Gabelstaplers. Wichtig ist, dass die „Arme“ nicht eingerissen oder beschädigt sind. Bricht der Gabelzinken, fällt die Last herunter und kann Personen schwer verletzen.

Gabelträger:
Hier werden die Gabelzinken oder andere Anbaugeräte mit dem Gabelstapler verbunden. Die Anschlüsse sind meist einheitlich, dadurch können Anbauteile von verschiedenen Gabelstaplern benutzt werden

Räder:
Die Verbindung zum Boden! Ein beschädigtes Rad war noch nie gut und wird es wahrscheinlich auch nie werden. Kontrollieren Sie die Räder deshalb regelmäßig auf Beschädigungen.

Rahmen:
Er hält den Gabelstapler zusammen. Alle Bauteile sind irgendwie mit dem Rahmen verbunden.

Motorhaube/Batterieabdeckung:
Sollte der Antriebsmotor oder die Batterie einen Defekt haben, ist dies Ihr Schutzschild.

Gegengewicht:
Meist ein Gussteil. Bei Elektrostaplern ist die Antriebsbatterie ein großer Teil des Gegengewichts.

Lastschutzgitter:
Ist bei manchen Gabelstaplern zum Schutz des Fahrers vor herabfallenden Teilen angebaut.

Lenkung:
Von Ihrem privaten Pkw sind Sie in der Regel ein bestimmtes Fahrverhalten gewöhnt. Ein ganz entscheidender Unterschied zu Ihrem Kraftfahrzeug ist

beim Gabelstapler die Lenkung – und dabei ist es egal, ob er drei oder vier Räder besitzt.

Abb. 3.8
Lenkung Gabelstapler

Die gravierenden Unterschiede zum Pkw:

1. **Das Heck des Gabelstaplers schert beim Lenken aus!**
2. **Bei Kurvenfahrten besteht erhöhte Kippgefahr,** besonders beim Fahrzeug ohne Last (das bedeutet beim leeren Gabelstapler).

Typische Anbaugeräte

Abb. 3.9 Gabelverlängerung

Abb. 3.10 Gabelzinkenverstellung

Bei der Verwendung von Gabelverlängerungen (Gabelschuhen) muss von der Marke „Eigenbau“ dringend abgeraten werden. Prüfen Sie unbedingt, ob diese Verlängerungen wirklich für den Gabelstapler geeignet sind und ob sie sicher befestigt und bedient werden können!

Die Gabelzinkenverstellung (Seitenschieber) ermöglicht ein komfortables Verschieben der Gabelzinken. Es können eventuell beide Zinken gleichzeitig nach rechts oder links verschoben werden. Bei anderen Geräten ist zusätzlich auch ein Verschieben der Gabelzinken zueinander möglich.

Abb. 3.11
Arbeitsbühne

Im Kapitel 9 werden wir genauer über die Benutzung einer Arbeitsbühne sprechen. Nur so viel vorab: Die Verwendung ist ein Sondereinsatz und sollte geplant und sorgfältig durchgeführt werden. Befindet sich eine Person in der Arbeitsbühne, verlassen Sie den Stapler nicht! Sie sind oftmals die erste und einzige Hilfe für diesen Menschen im Notfall!

Alle Anbaugeräte verringern die Tragkraft des Flurförderzeuges!

Alles klar?

1.	Benötigen Sie zum Führen eines Gabelhubwagens eine Qualifizierung nach DGUV Grundsatz 308-001?
A	Ja
B	Ja, aber nur wenn ich den Gabelhubwagen auf dem LKW mitführe
C	Nein
D	Nein, wenn ich den Gabelhubwagen mit einem Kollegen abwechselnd benutze

2.	Muss am Flurförderzeug ein Fabrikschild angebracht und muss dieses lesbar sein?
A	Ja, aber lesbar braucht es nicht zu sein.
B	Ja, sonst habe ich ja keine Informationen über das Flurförderzeug.
C	Nein, es ist nur zur Verzierung angebracht.
D	Nein

3.	Wann und bei welcher Belastung des Gabelstaplers werden die meisten tödlichen Unfälle verursacht?
A	Beladener Gabelstapler auf ebener Fahrbahn bei Geradefahrt
B	Leerer Gabelstapler auf geneigter Fahrbahn in einer Kurve mit zu hoher Geschwindigkeit
C	Beladener Gabelstapler in einer Kurve, egal wie schnell man fährt
D	Leerer Gabelstapler, abgestellt in einer Halle

4.	Was gibt es bei der Benutzung von Gabelschuhen zu beachten?
A	Das Flurförderzeug hat weniger Tragkraft.
B	Das Flurförderzeug hat die gleiche Tragkraft.
C	Das Flurförderzeug hat eine wesentlich höhere Tragkraft.
D	Das Flurförderzeug hat eine etwas höhere Tragkraft.

5.	Darf der Gabelstaplerfahrer bei der Benutzung der Arbeitsbühne den Stapler verlassen?
A	Ja, wenn die Arbeitsbühne fest am Gabelstapler angebracht ist
B	Ja, immer
C	Nein, wenn sich eine Person in der Arbeitsbühne befindet
D	Nein, da die Arbeitsbühne nicht fest mit dem Gabelstapler verbunden wird

4. Welche Antriebsarten gibt es?

Bei Flurförderzeugen wird heute meist eine der drei folgenden Antriebsarten verwendet. Bei älteren Geräten können noch Benzinmotoren als Antrieb dienen, bei sehr neuen Fahrzeugen dagegen auch schon ein Hybridantrieb.

Hier die drei geläufigsten Antriebsmöglichkeiten im Überblick:

Abb. 4.1
Elektroantrieb

Wird ein kleiner, wendiger Gabelstapler im Produktionsbereich benutzt, ist dies im Normalfall ein Elektrostapler, der Alleskönner auf kleinstem Raum.

Ein kleines Manko betrifft den Elektroantrieb. Eine leere Batterie kann nicht innerhalb von wenigen Minuten geladen werden. Normalerweise wird die Batterie nach der Arbeit über Nacht (zirka acht Stunden lang) geladen. Wird durchgehend gearbeitet, werden Tauschbatterien im Schnellwechselverfahren verwendet.

Abb. 4.2
Treibgasantrieb

Arbeitsschutz ist auch Gesundheitsschutz. Der Treibgasstapler ist eine sinnvolle Alternative zum Elektrostapler in gut belüfteten Hallen.

Abb. 4.3
Dieselantrieb

Ein weiterer Punkt ist der Umweltschutz. Stickoxide und Partikelmasse sind Umweltkiller. Sie kennen die Einstufung der Kraftfahrzeuge in Schadstoffgruppen mit roten, gelben und grünen Plaketten: Sollte ein Gabelstapler mit Dieselmotor in geschlossenen Räumen eingesetzt werden müssen, so muss der neueste Stand der Technik in der Schadstoffminimierung verwendet werden. Diese Gabelstapler besitzen spezielle Abgasreinigungsanlagen. Bitte beachten Sie hierbei die Bedienungsanleitung des Herstellers.

Elektroantrieb	
Vorteile:	**Nachteile:**
Umweltschonend, da abgasfrei Kann in geschlossenen Hallen verwendet werden, da abgasfrei Weniger Wartungsarbeiten, da kein Verbrennungsmotor eingebaut ist	Begrenzte Einsatzdauer, da die Batterie geladen werden muss Sehr leise, wird dadurch auch schnell überhört Geringe Tragfähigkeit, da meist kleiner

Treibgasantrieb	
Vorteile:	**Nachteile:**
Geringe Schadstoffemission, kann in gut belüfteten Hallen verwendet werden Unbegrenzte Einsatzdauer, es muss nur die Flasche gewechselt werden	Mehr Wartungsarbeiten, da ein Verbrennungsmotor verbaut ist Mittlere Tragfähigkeit Wegen des Verbrennungsmotors etwas lauter

Dieselantrieb	
Vorteile:	**Nachteile:**
Unbegrenzte Einsatzdauer, es muss nur getankt werden Hohe Tragfähigkeit	Mehr Wartungsarbeiten, da ein Verbrennungsmotor verbaut ist Hohe Schadstoffemission

Alles klar?

1.	Was ist kein Vorteil eines Elektrogabelstaplers?
A	Er kann in geschlossenen Räumen eingesetzt werden.
B	Es entstehen keine Abgase.
C	Aus dem Auspuffrohr kommt nur Stickstoff heraus.
D	Er ist im Normalfall sehr wendig.

2.	Welchen großen Vorteil besitzt ein Dieselgabelstapler?
A	Er kann nur sehr geringe Lasten anheben.
B	Er kann nur sehr kleine Lasten anheben.
C	Er kann nur sehr großvolumige Lasten anheben.
D	Er ist für sehr schwere Lasten gut geeignet.

3.	Kann ein Dieselgabelstapler ohne Abgasreinigung im Innenbereich ständig eingesetzt werden?
A	Ja, immer
B	Nein
C	Das ist doch mir egal, denn ich habe ja eine Fahrerkabine.
D	Das ist schon etwas kritisch.

4.	Welcher der genannten Gabelstapler ist normalerweise der wendigste?
A	Dieselgabelstapler
B	Gasgabelstapler
C	Elektrogabelstapler
D	Benzingabelstapler

5.	Wie lange sollte eine Antriebsbatterie für Elektrogabelstapler mindestens geladen werden?
A	8 Minuten
B	8 Stunden
C	8 Tage
D	8 Wochen

5. Kann ein Gabelstapler kippen?

Der Schwerpunkt

Entscheidend für die Standsicherheit ist der Schwerpunkt.

Als Schwerpunkt eines Körpers stellt man sich die gesamte Masse in einem einzigen Punkt vereinigt vor. Ist der Körper symmetrisch, z.B. ein rechteckiger Metallklotz, so ist dies der Mittelpunkt des Körpers.

Beim Gabelstapler liegt der Schwerpunkt zwischen der Vorder- und Hinterachse, idealerweise möglichst nahe an der Hinterachse.

Abb. 5.1
Lage des Schwerpunktes ohne Last

Wird eine Last aufgenommen, so wandert der Schwerpunkt in Richtung der Vorderachse. Je höher das Gewicht der aufgenommenen Last, desto mehr neigt der Gabelstapler zum Kippen nach vorne!

Kippstabilität

Die größte Kippgefahr besteht bei Gabelstaplern mit zu hoher Geschwindigkeit in **Kurven**. Auch sollten Sie beachten, dass der unbeladene Gabelstapler kippgefährdeter ist als der mit Last beladene. Dies liegt am sogenannten **Standdreieck** *(vgl. Abbildungen auf Seite 46)*. Durch die Verwendung einer Pendelachse an der Hinterachse des Gabelstaplers hat dieser außer der Vorderachse mit den beiden vorderen Rädern hinten nur den Mittelpunkt der Pendelachse als Standhilfe. Da der Schwerpunkt des unbeladenen Gabelstaplers möglichst nahe an der Hinterachse sein soll, kippt dieser leichter als der beladene, da bei Beladung der Schwerpunkt durch die Last nach vorne wandert.

Das bedeutet in Kurzform für Sie: Fahren Sie in Kurven langsam, je enger die Kurve, desto langsamer. Und bedenken Sie, dass der leere Gabelstapler in Kurven leichter zur Seite kippt als der beladene.

Tragfähigkeit

Zum Erkennen der Tragfähigkeit muss an jedem Gabelstapler ein Traglastdiagramm angebracht sein. Hier zwei Beispiele:

Beispiel 1:

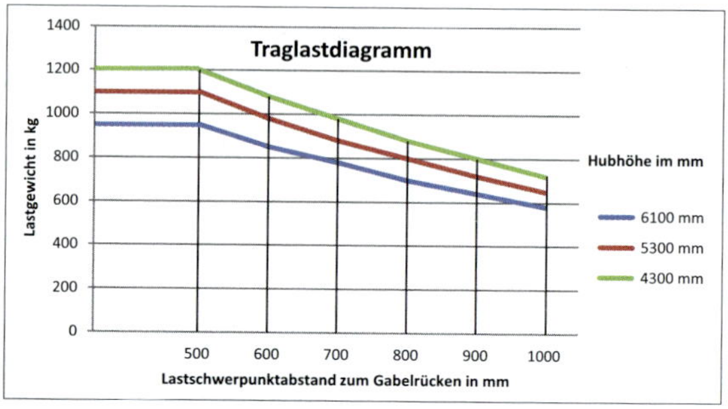

Abb. 5.2 Traglastdiagramm

Bei diesem Diagramm sehen Sie **auf der linken Seite die Angabe der Last in kg, die gehoben werden kann**. Wichtig ist dabei, dass die Last ganz am Gabelrücken (soweit es nur auf den Gabelzinken geht) anliegt.

Unten im Diagramm sehen Sie den **Abstand des Schwerpunktes der Last zum Gabelrücken**. Es ist doch logisch, dass eine Kiste mit einer großen Länge nicht so schwer sein darf wie eine kürzere. Es ist wie bei uns Menschen: Ein großer Gegenstand mit 20 kg hebt sich schwerer als ein sehr kleiner mit dem gleichen Gewicht.

Auf der rechten Seite ist die Hubhöhe angegeben. Je höher die Last gehoben werden muss, desto leichter muss sie sein.

Einige Fallbeispiele:

1. Eine Kiste mit 800 kg Gewicht, Lastschwerpunktabstand 700 mm, muss auf 5300 mm Höhe gehoben werden. Geht das mit diesem Gabelstapler?

   Antwort: Ja, da der Schnittpunkt Gewicht-Lastschwerpunktabstand unterhalb der Linie von 5300 mm liegt.

2. Eine Kiste mit 800 kg Gewicht, Lastschwerpunktabstand 700 mm, muss auf 6100 mm Höhe gehoben werden. Geht das mit diesem Gabelstapler?

   Antwort: Nein, da der Schnittpunkt Gewicht-Lastschwerpunktabstand oberhalb der Linie von 6100 mm liegt.

3. Eine Kiste mit 1000 kg Gewicht, Lastschwerpunktabstand 500 mm, muss auf 5300 mm Höhe gehoben werden. Geht das mit diesem Gabelstapler?

Antwort: Ja, da der Schnittpunkt Gewicht-Lastschwerpunktabstand unterhalb der Linie von 5300 mm liegt.

4. Eine Kiste mit 1000 kg Gewicht, Lastschwerpunktabstand 500 mm, muss auf 6100 mm Höhe gehoben werden. Geht das mit diesem Gabelstapler?

   Antwort: Nein, da der Schnittpunkt Gewicht-Lastschwerpunktabstand oberhalb der Linie von 6100 mm liegt.

Das war doch einfach! Nun wird es ein wenig schwieriger:

5. Eine Kiste mit 100 kg Gewicht, Lastschwerpunktabstand 1200 mm, muss auf 4250 mm Höhe gehoben werden. Geht das mit diesem Gabelstapler?

   Antwort: Nein, da der Schnittpunkt Gewicht-Lastschwerpunktabstand außerhalb der Tabelle liegt. Die Last kippt nach vorne!

6. Eine Kiste mit 100 kg Gewicht, Lastschwerpunktabstand 1000 mm, muss auf 6500 mm Höhe gehoben werden. Geht das mit diesem Gabelstapler?

   Antwort: Nein, da der Gabelstapler eine Hubhöhe von maximal 6100 mm hat.

Bei diesem Diagramm befindet sich auf der linken Seite die Hubhöhe in mm.

Unter dem Diagramm sehen Sie den Abstand des Schwerpunktes der Last zum Gabelrücken. Bei dieser Abbildung können Sie auch sehr gut das Anliegen am Gabelrücken erkennen.

Beispiel 2:

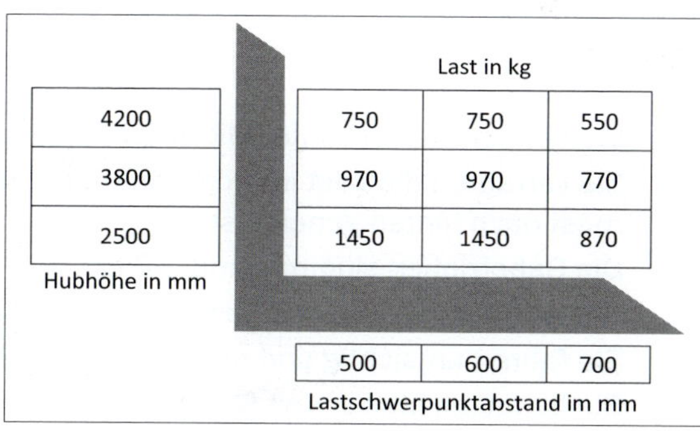

Abb. 5.3
Traglastdiagramm

Über dem Bild des Gabelzinkens ist die Angabe der Last in kg eingefügt.

Einige Fallbeispiele:

1. Eine Kiste mit 950 kg Gewicht, Lastschwerpunktabstand 500 mm, muss auf 2500 mm Höhe gehoben werden. Geht das mit diesem Gabelstapler?

Antwort: Ja, da im Schnittpunkt Hubhöhe-Lastschwerpunktabstand das maximale Gewicht der Last 1450 kg beträgt.

2. Eine Kiste mit 1400 kg Gewicht, Lastschwerpunktabstand 600 mm, muss auf 3800 mm Höhe gehoben werden. Geht das mit diesem Gabelstapler?

   Antwort: Nein, da im Schnittpunkt Hubhöhe-Lastschwerpunktabstand das maximale Gewicht der Last 970 kg beträgt.

Und nun wieder zwei etwas kompliziertere Aufgaben:

3. Eine Kiste mit 750 kg Gewicht, Lastschwerpunktabstand 700 mm, muss auf 3000 mm Höhe gehoben werden. Geht das mit diesem Gabelstapler?

   Antwort: Ja, da im Schnittpunkt Hubhöhe-Lastschwerpunktabstand bei 3800 mm das maximale Gewicht der Last 770 kg beträgt.

4. Eine Kiste mit 1500 kg Gewicht, Lastschwerpunktabstand 500 mm, muss auf 2000 mm Höhe gehoben werden. Geht das mit diesem Gabelstapler?

   Antwort: Nein, da das maximale Gewicht der Last 1450 kg betragen darf.

Anbaugeräte

Jedes Gerät, mit dem der Gabelstapler zusätzlich ausgerüstet wird, verringert seine Tragfähigkeit. Aus diesem Grund muss das Gewicht des Anbaugerätes bekannt sein.

Wichtige Verhaltensgrundsätze

1. **Sie kennen und beachten die Tragfähigkeit des Gabelstaplers.**
2. **Sie verfahren die Last in möglichst tiefer Stellung, wobei der Hubmast nach hinten geneigt ist.**
3. **Die Gabelzinken sind maximal 50 cm vom Boden entfernt.**
4. **Sie nehmen die Last möglichst nah am Gabelrücken auf.**
5. **Sie fahren umsichtig und nicht zu schnell, besonders in Kurven.**
6. **Sie benutzen immer den Sicherheitsgurt.**
7. **Sie wenden nicht im Gefälle oder in der Steigung.**
8. **Sollte der Gabelstapler wirklich kippen, bleiben Sie im Gabelstapler sitzen und halten sich fest. Der Sicherheitsgurt und Ihre Kraft retten Ihr Leben!**

Alles klar?

1.	Muss an einem Gabelstapler ein Traglastdiagramm angebracht sein?
A	Ja, aber es muss nicht beachtet werden.
B	Ja, aber es kann unleserlich sein.
C	Ja, und es muss beachtet werden.
D	Ja, aber es dient nur zur Verschönerung.

2.	Was haben Sie bei der Benutzung von Anbaugeräten zu beachten?
A	Der Gabelstapler kippt leichter nach vorne um.
B	Der Gabelstapler kippt bei Geradeausfahrt leichter zur Seite um.
C	Der Gabelstapler ist in Kurven stabiler. Es ist kein Umkippen möglich.
D	Der Gabelstapler kippt leichter nach hinten um.

3.	Welcher Gabelstapler kippt in Kurven schneller zur Seite um?
A	Der unbeladene Gabelstapler mit Gabelzinken und Hubmast in Bodennähe
B	Der unbeladene Gabelstapler mit Gabelzinken und Hubmast ganz ausgefahren
C	Der beladene Gabelstapler mit Gabelzinken und Hubmast in Bodennähe
D	Der beladene Gabelstapler mit Gabelzinken und Hubmast auf dem Boden abgelegt

4.	Was erhöht die Kippgefahr beim Fahren in Kurven mit einem Gabelstapler extrem?
A	Zu langsam in die Kurve einfahren
B	Zu großen Kurvenradius fahren
C	Zu schnell in eine enge Kurve fahren
D	In der Kurve den Gabelstapler parken

5.	Ist das Anlegen des Sicherheitsgurtes sinnvoll?
A	Nein, er stört nur beim Fahren
B	Nein, da das Anlegen Zeit kostet
C	Ja, wenn ich nach Stundenlohn bezahlt werde
D	Ja, er schützt mich bei Unfällen

6. Was ist beim Betrieb zu beachten?

Bedienungsanleitung und Betriebsanweisung

Ihr Gabelstapler hat den Wert eines Mittelklassewagens. Sie sollten umsichtig damit umgehen. Hierzu hat der Hersteller des Gabelstaplers eine Bedienungsanleitung erstellt. Nutzen Sie diese Hilfe und lesen Sie das Dokument vor der ersten Inbetriebnahme sehr aufmerksam durch.

Ihr Chef muss zusätzlich in schriftlicher Form und verständlicher Sprache an geeigneter Stelle eine Betriebsanweisung für den Betrieb von Flurförderzeugen aushängen. Hier hat ihr Chef die Gefahren der Arbeitsmittel, Verhaltensregeln, das Verhalten in besonderen Situationen, z.B. bei Störungen oder Unfällen und weitere Besonderheiten beschrieben. Diese Erklärungen sind wichtig und zu beachten.

Achtung: Sollten sich im Betriebsablauf Änderungen ergeben, kann sich die Betriebsanweisung ändern. Diese Änderungen müssen Sie ebenfalls beachten, denn sie dienen der Sicherheit aller.

Beachten Sie unbedingt die Hinweise in der Bedienungsanleitung des Gabelstaplers und in der Betriebsanweisung Ihres Arbeitgebers!

Bedienung des Gabelstaplers

Der Gabelstapler ist vom Fahrersitz aus zu bedienen. Es ist verboten, ihn von außerhalb zu bedienen. Neuere Geräte sind hierzu mit einem Sitzschalter ausgerüstet.

Mitnahme von Personen

Es ist verboten, Personen auf den Gabelzinken oder im Fahrzeug ohne zweiten Sitz zu befördern. Auf die Mitnahme einer Person in einem Arbeitskorb werden wir in den Sondereinsätzen eingehen.

Verfahren mit und ohne Last

Fahren Sie mit dem Gabelstapler mit angemessener Geschwindigkeit, mit maximal 50 cm vom Boden entfernten Gabelzinken und nach hinten geneigtem Hubmast. Sollten Sie mit angehobener Last verfahren müssen, ist besondere Vorsicht geboten. Lenkbewegungen sind besonders umsichtig durchzuführen, da sich die Kippgefahr beim Lenken sehr stark erhöht.

Rückwärtsfahren

Hier ist der Blick über die Schulter nach hinten Ihre „Unfallversicherung“. Ein vorhandener Spiegel entbindet Sie davon nicht, denn jeder Spiegel hat einen toten Winkel.

Aufenthalt im Gefahrenbereich des Gabelstaplers

Es dürfen sich keine Personen im Gefahrenbereich um den Gabelstapler und speziell unter der gehobenen Last aufhalten. Bitte seien Sie hier konsequent und fordern diese Personen auf, den Bereich zu verlassen.

Der Abstand sollte im Normalfall mindestens 50 cm betragen.

Steigungen und Gefälle mit dem Gabelstapler

An Steigungen oder Gefällen ist bei Gabelstaplern mit Last immer so zu fahren, dass die Last bergseitig ist. Das bedeutet: Fahren Sie in der Steigung vorwärts und im Gefälle rückwärts! Es hat sich in der Praxis bewährt, dies beim Verfahren ohne Last genauso zu tun, damit nicht mit den Gabelzinken im Boden eingestochen wird.

Abb. 6.1
Fahren im Gefälle

Abstellen des Gabelstaplers

Abb. 6.2
Korrekt abgestellter Gabelstapler

1. Die Feststellbremse (Handbremse) anziehen
2. Mit den Gabelzinken in die tiefste Stellung fahren und den Hubmast leicht nach vorne neigen, so dass die Gabelzinken den Boden berühren
3. Den Motor abstellen und den Zündschlüssel abziehen

Alles klar?

1.	Ist beim Rückwärtsfahren mit einem Gabelstapler auch der Blick nach hinten wichtig?
A	Darauf kann nicht verzichtet werden.
B	Fußgänger müssen auf rückwärtsfahrende Gabelstapler besonders aufpassen.
C	Der Gabelstapler piepst, das reicht aus.
D	Wenn ein Innenspiegel verbaut ist, braucht man nicht nach hinten schauen.

2.	Darf der Unternehmer eine Betriebsanweisung auch abändern?
A	Ja, wenn sie unleserlich geworden ist
B	Ja, immer nach fünf Jahren
C	Ja, wenn sich im Arbeitsablauf etwas geändert hat
D	Ja, wenn ein neuer Vorgesetzter eingestellt wird

3.	Darf sich eine Person unter die angehobene Last stellen?
A	Nein, die Last könnte beschädigt werden
B	Ja, aber die Person muss mindestens eine Taschenlampe mitführen
C	Ja, das ist total ungefährlich
D	Nein, die Unfallgefahr ist hier sehr hoch

4.	Wie weit dürfen die Gabelzinken während der Fahrt maximal vom Boden entfernt sein?
A	Ungefähr 50 mm
B	Ungefähr 5 cm
C	Ungefähr 50 cm
D	Ungefähr 5 m

5.	Dürfen Sie eine Person auf den Gabelzinken mitfahren lassen?
A	Nein, das ist zu gefährlich
B	Nein, die Gabelzinken halten das nicht aus
C	Ja, das macht richtig Spaß
D	Ja, damit sind höhere Kurvengeschwindigkeiten möglich

7. Müssen regelmäßige Prüfungen sein?

Die tägliche Funktions- und Sichtprüfung

Wenn Sie Ihren Gabelstapler benutzen, muss er sich in einem einwandfreien technischen Zustand befinden. Sie sind die Person, die diese wichtige Überprüfung vor jeder Benutzung durchführen muss. Es handelt sich um vier Prüfabschnitte, zu denen jeweils 4 „Check-Punkte" gehören. Deshalb wird das Ganze oft als die **„4 × 4-Merkregel für den Staplerfahrer"** bezeichnet.

Die Sichtprüfung

1. Hubmast, Gabelzinken, Gabelzinkenträger, Anbaugeräte, Fahrerkabine und Rahmen frei von Brüchen, Rissen und starkem Verschleiß?
2. Gabelzinkensicherung und Arretierung der Gabelzinken in Ordnung?
3. Lastkette ausreichend gespannt und gefettet?
4. Reifen frei von Schäden und Fremdkörpern, Reifendruck passt, Anhängerkupplung funktioniert?

Die Kontrolle des Innenraumes

1. Keine Öl-, Kraftstoff- oder sonstige Betriebsstoffverluste erkennbar?
2. Motoröl- , Hydrauliköl- und Kühlmittelstand, bei Elektrostaplern Flüssigkeitsstand in der Batterie ausreichend?
3. Spannung von Keilriemen in Ordnung und Auspuffanlage dicht?
4. Fahrersitz fest und Sicherheitsgurt einsatzbereit?

Die Funktionsprüfung vom Fahrersitz aus

1. Komplette Beleuchtungs- und Bedienungseinrichtung funktioniert?
2. Lenkspiel laut Herstellerangaben in Ordnung?
3. Hubmast fährt ohne Störungen auf und ab, Seitenhub und Gabelzinkenverstellung funktionieren einwandfrei?
4. Sicherheitseinrichtungen (z.B. Schalter unter dem Fahrersitz) funktionieren?

Der Abschluss durch eine Mobilitätsprüfung

1. Pedale griffig?
2. Bremsen haben eine ausreichende Wirkung?
3. Warneinrichtungen (z.B. beim Rückwärtsfahren) funktionieren?
4. Notausschalter intakt?

Die regelmäßige Prüfung durch einen Sachkundigen oder eine befähigte Person (UVV-Prüfung)

Mindestens einmal im Jahr wird Ihr Gabelstapler durch eine besonders ausgebildete Person – einen Sachkundigen – geprüft. Gasbetriebene Gabelstapler müssen halbjährlich auf den Schadstoffgehalt im Abgas geprüft werden.

Das Ergebnis der Prüfung ist dem Prüfbericht zu entnehmen. Als zusätzliches Zeichen für die Prüfung bringt der Prüfer am Gabelstapler eine Prüfplakette an.

Abb. 7.1
Prüfplakette

In dieser Abbildung sehen Sie eine einfache Möglichkeit, den nächsten Prüfungstermin zu ermitteln. Dieser Gabelstapler muss spätestens im Januar 2024 wieder geprüft werden.

Ziel dieser regelmäßig stattfindenden Überprüfung ist es, sicherzustellen, dass sich Ihr Arbeitsgerät in einem betriebssicheren Zustand befindet. Die Abstände sind vom Unternehmer so zu wählen, mindestens aber jährlich, dass auch bei längerem Gebrauch der Gabelstapler in Ordnung ist und bleibt.

Bitte überprüfen Sie regelmäßig, dass das Datum der nächsten Prüfung nicht überschritten ist.

Sollte das Datum (bei unserem Beispiel: der Januar 2024) überschritten sein oder die Prüfplakette fehlen, dann benutzen Sie den Gabelstapler nicht mehr und informieren Ihren Chef oder Vorgesetzten. Hier ist es ratsam, im Vorfeld – also schon vor Ablauf des Datums – zu informieren.

Alles klar?

1.	Wer führt beim Gabelstapler eine Abfahrtkontrolle durch?
A	Der Chef
B	Der Abteilungsleiter
C	Der Gabelstaplerfahrer
D	Der Hilfsarbeiter

2.	Sind die Bremsen bei einer Abfahrtkontrolle zu prüfen?
A	Ja, das ist immer nach dem Einsatz zu tun.
B	Nein, das macht der Sachkundige jedes Jahr.
C	Nein, dafür hat jeder Gabelstapler eine integrierte Warnleuchte.
D	Ja, das ist sehr wichtig.

3.	Wer führt die jährliche UVV-Prüfung durch?
A	Ein Gabelstaplerfahrer
B	Ein sachkundige Person
C	Eine Bürokraft
D	Niemand

4.	Wie können Sie erkennen, dass an Ihrem Gabelstapler eine UVV-Prüfung durchgeführt wurde?
A	An der Unterschrift des Prüfers in der Bedienungsanleitung
B	An der angebrachten Prüfplakette
C	An der Rechnung im Büro
D	An der am schwarzen Brett aushängenden Information

5.	Wie oft muss ein Gabelstapler durch eine UVV-Prüfung mindestens geprüft werden?
A	Jeden Tag
B	Jede Woche
C	Jeden Monat
D	Jedes Jahr

8. Wie geht man mit der Last um?

Bevor Sie mit Ihrem Gabelstapler eine Last aufnehmen, müssen Sie folgende Dinge klären:

- Wie schwer ist die Last?
- Wo befindet sich der Schwerpunkt der Last?
- Wie hoch ist die Tragfähigkeit Ihres Gabelstaplers?
- Kann die Last mit Ihrem Gabelstapler gehoben und transportiert werden?
- Kann das Gut auch am Lagerplatz abgestellt oder gestapelt werden?

Nachdem Sie alle fünf Punkte mit „Ja" beantwortet haben, spricht nichts mehr gegen ein Ein- oder Auslagern der Ware.

Ist jedoch einer der angesprochenen Punkte mit „Nein" zu beantworten, kann der Auftrag mit diesem Gabelstapler nicht ausgeführt werden.

Empfohlener Ablauf eines Warentransports

1. Mit zurückgeneigtem Hubmast möglichst nahe an die Last heran fahren
2. Den Hubmast senkrecht stellen, Gabelzinken parallel zum Untergrund
3. Mit den Gabelzinken in der richtigen Höhe vorsichtig unter das Ladegut fahren
4. Ladegut anheben und vorsichtig eventuell rückwärts verfahren
5. Ladegut möglichst bodennah ablassen
6. Hubmast nach hinten neigen und Ladegut zum Lagerplatz befördern

Empfohlener Ablauf eines Einlagervorgangs

1. Mit zurückgeneigtem Hubmast möglichst nahe an den Lagerort fahren
2. Ladegut auf die entsprechende Höhe verfahren
3. Mit dem Gabelstapler vorsichtig an den Lagerplatz fahren
4. Hubmast nach vorne neigen und Ladegut abstellen
5. Mit freien Gabelzinken achtsam rückwärts verfahren
6. Gabelzinken und Hubmast in Fahrstellung bringen und wegfahren

Besonderheit bei Regalen:

Bei der Regalbedienung ist ein senkrecht stehender Mast wichtig. Ein Anheben oder Absenken der Last sollte nur mit senkrecht stehendem Mast – also waagerecht stehenden Gabelzinken – erfolgen.

Versuchen Sie bei Ihren Staplerfahrten, beim Warentransport und den Ein- und Auslagervorgängen immer den gleichen sicheren Ablauf zu wählen. Wenn Sie Tätigkeiten immer in der gleichen Reihenfolge durchführen, wird dies zur Routine und Ihr Leben und Ihre Gesundheit bleiben geschützt

Sicher! Dies sollte stets die Devise bei Ihrem Handeln sein!

Rückwärtsfahren ist nichts für mich – oder?

Da aufgrund der Bauweise (Hubmast, Gabelzinken, Hubzylinder, ...) eines Gabelstaplers Ihre Sicht schon stark eingeschränkt wird, ist es umso wichtiger, bei einer Sichtbehinderung nach vorne durch die Last an die Sicherheit aller Personen zu denken, die sich im Umfeld befinden.

Sehen Sie nach vorne zu wenig, fahren Sie grundsätzlich rückwärts!

Manchmal bleibt Ihnen nichts anderes übrig, als einen hilfsbereiten Kollegen zu bitten, Sie einzuweisen.

Ladevorgänge an Kraftfahrzeugen, Anhängern und Wechselbrücken

1. **Das Kraftfahrzeug oder der Anhänger muss gegen Wegrollen gesichert sein.**
   Hierzu kontrollieren Sie, ob dessen Fahrer die Feststellbremse (Handbremse) angezogen hat und Unterlegkeile an den Rädern untergelegt worden sind.
2. **Die Ladefläche muss ausreichend tragfähig sein.**
   Das ist oft eine sehr schwierige Aufgabe, da Ladeflächen sehr selten Tragfähigkeitsprüfungen unterzogen werden. Hier ist Ihre Erfahrung gefragt. Bei Unsicherheiten Ihren Vorgesetzten oder Chef fragen.
3. **Das Umkippen oder Einsinken muss verhindert sein.**
   Der Untergrund spielt bei Wechselbrücken eine entscheidende Rolle. Falls die Vermutung besteht, dass das Fahrzeug oder die Wechselbrücke einsinken kann, muss großflächig unterlegt werden. Sie können dazu spezielle Platten oder auch Holzbalken verwenden.

Überprüfen ist hier besser als Vertrauen!

Hängende Lasten befördern

Der Transport von Lasten, die an den Gabelzinken hängen, birgt große Gefahren. Es sollte immer die Frage gestellt werden, ob die Last unbedingt so transportiert werden muss. Gibt es eine sicherere Alternative, sollte diese gewählt werden. Wenn es aber nicht anders geht, sollten Sie unbedingt einige Sicherungsmaßnahmen beachten. Prüfen Sie folgende Punkte:

- Sind die Gurte, Seile, Ketten, ... geeignet?
- Kann sich die Last nicht verschieben oder sogar lösen?
- Muss die Last durch Helfer geführt werden?
- Jede Gefährdung muss ausgeschlossen sein!

Gabelzinken sind nicht dafür gebaut, um Lasten darunter zu hängen, sondern um Lasten darauf zu stellen.

Gefahrstoffe transportieren

Nach der Gefahrstoffverordnung sind Gefahrstoffe Substanzen, die ein chemisches Gefährdungspotential aufweisen.

Für Sie gibt es beim Umgang mit diesen Stoffen Betriebsanweisungen und Lagervorschriften zu beachten. Diese sind strikt einzuhalten!

Es kann auch möglich sein, dass Ihr Gabelstapler für bestimmte Transporte besonders geeignet sein muss, zum Beispiel durch eine Explosionsschutzsicherung.

Hierbei ist grundsätzlich zu beachten:

1. Es darf keine Brandgefahr vom Gabelstapler ausgehen.
2. In explosionsgefährdeten Bereichen dürfen nur explosionsgeschützte Gabelstapler verwendet werden.
3. Der Unternehmer hat den Gabelstaplerfahrer für diese Tätigkeiten speziell zu qualifizieren und muss einen schriftlichen Auftrag dazu erteilen.

Alles klar?

1.	Ist es wichtig, das Gewicht der Last zu kennen?
A	Ja, da der Gabelstapler nur eine begrenzte Last heben kann
B	Ja, da der Kraftstoff für den Antrieb des Gabelstaplers teuer ist
C	Nein, Hauptsache man muss die Last nicht tragen.
D	Nein, ein Gabelstapler hat eine unbegrenzte Kraft.

2.	Wie sollte die Stellung des Hubmastes und der Gabelzinken während der Fahrt mit und ohne Last sein?
A	Gabelzinken auf den Boden abgesenkt und Hubmast nach vorne geneigt
B	Gabelzinken auf den Boden abgesenkt und Hubmast nach hinten geneigt
C	Gabelzinken zirka 1 Meter angehoben und Hubmast nach vorne geneigt
D	Gabelzinken leicht angehoben und Hubmast nach hinten geneigt

3.	Wenn die Größe der Last die Sicht nach vorne unmöglich macht, ...
A	... fahre ich langsam weiter
B	... bleibe ich nicht stehen
C	... fahre ich vorsichtig rückwärts
D	... hupe ich ständig während der Fahrt

4.	Ist die Ladefläche eines Lastkraftwagens vor dem Befahren mit einem Gabelstapler zu prüfen?
A	Ja
B	Nein
C	Manchmal
D	Nur an Montagen

5.	Darf mit einem Gabelstapler eine hängende Last transportiert werden?
A	Nein
B	Nein, da dies laut Berufsgenossenschaft verboten ist
C	Ja, wenn sie sicher transportiert werden kann
D	Ja, wenn es der Chef erlaubt

9. Welche Sondereinsätze gibt es?

Einsatz einer Arbeitsbühne

Die eigentliche Aufgabe eines Gabelstaplers ist das Heben und Transportieren von Lasten.

Wird aber eine Arbeitsbühne eingesetzt, so dürfen auch Personen angehoben werden. Da dies viele Risiken birgt, gibt es für Sie einige Dinge zu beachten:

1. Die Arbeitsbühne muss ein Typschild besitzen (Hersteller, maximale Belastung).
2. Die Arbeitsbühne muss fest auf dem Gabelstapler befestigt werden.
3. Die Arbeitsbühne muss sicher sein (Quetsch- und Schergefahr, Herausfallen).
4. Ist die Arbeitsbühne hochgefahren, darf der Gabelstaplerfahrer den Stapler nicht verlassen.
5. Bei hochgefahrener Arbeitsbühne darf nicht gefahren werden, es ist nur noch eine Feinpositionierung möglich.

Abb. 9.1
Arbeitsbühne im Einsatz

Einsatz im öffentlichen Straßenverkehr

Hierzu gibt es zwei Fragen zu klären:

1. Was ist ein **öffentlicher Verkehrsraum**?
   Laut Definition sind dies alle Flächen, die der Allgemeinheit zu Verkehrszwecken offen stehen.
2. Was ist öffentlicher **Straßenverkehr**?
   Er findet auf allen Flächen statt, die der Allgemeinheit zu Verkehrszwecken offen stehen.

Beispiele:
Entladen Sie einen Lastkraftwagen in einem abgesperrten Betriebsgelände, unterliegen Sie und Ihr Gabelstapler nicht den Vorschriften über den öffentlichen Straßenverkehr, da der Vorgang nicht im öffentlichen Verkehrsraum stattfindet.

Entladen Sie den gleichen Lastkraftwagen aber auf dem öffentlich zugänglichen Parkplatz oder auf der Straße vor dem Betrieb, sind Sie und Ihr Gabelstapler Teilnehmer im öffentlichen Straßenverkehr. Damit haben Sie bestimmte Vorschriften zusätzlich zu beachten. Die wichtigsten sind nachfolgend genannt.

Vorschriften für den Fahrer nach der Fahrerlaubnisverordnung (FeV):

1. Bauartbedingte Höchstgeschwindigkeit des Gabelstaplers
   bis einschließlich 6 km/h:
   Sie benötigen keine Fahrerlaubnis, sondern nur eine Einweisung in die Bedienung des Gabelstaplers
2. Bauartbedingte Höchstgeschwindigkeit des Gabelstaplers
   über 6, aber bis einschließlich 25 km/h:
   Sie benötigen zusätzlich die Fahrerlaubnisklasse L. (Diese Fahrerlaubnisklasse ist in der Fahrerlaubnisklasse B (Pkw) eingeschlossen)
3. Ist die bauartbedingte Höchstgeschwindigkeit des Gabelstaplers
   über 25 km/h:
   Sie benötigen zusätzlich
   - bei einer zulässigen Gesamtmasse des Gabelstaplers bis 3500 kg: Fahrerlaubnis Klasse B
   - bei einer zulässigen Gesamtmasse des Gabelstaplers über 3500 kg und bis 7500 kg: Fahrerlaubnis Klasse C1
   - bei einer zulässigen Gesamtmasse des Gabelstaplers über 7500 kg: Fahrerlaubnis Klasse C

Vorschriften für den Gabelstapler nach der Straßenverkehrs-Zulassungs-Ordnung (StVZO)

1. Bauartbedingte Höchstgeschwindigkeit des Gabelstaplers
   bis 6 km/h:
   Der Gabelstapler unterliegt nicht den Vorschriften der StVZO.
2. Bauartbedingte Höchstgeschwindigkeit des Gabelstaplers
   über 6 bis einschließlich 20 km/h:
   Der Gabelstapler muss die Bau- und Ausrüstungsvorschriften erfüllen. Auf der linken Seite sind dauerhaft und deutlich lesbar der Vorname, der Name und der Wohnort oder die Bezeichnung der Firma mit ihrem Firmensitz anzubringen (FZV § 4).
3. Bauartbedingte Höchstgeschwindigkeit des Gabelstaplers
   über 20 km/h:
   Der Gabelstapler muss die Bau- und Ausrüstungsvorschriften erfüllen und unterliegt den Vorschriften der StVZO, insbesondere über die Zulassung und die Versicherungspflicht.

Ausnahmen

Da diese Vorschriften sehr aufwändig und stellenweise auch schwer umzusetzen sind, kann Ihr Vorgesetzter oder Chef bei der unteren Verwaltungsbehörde (z.B. Landratsamt oder Ordnungsamt) einen Antrag auf eine Ausnahmegenehmigung stellen.

Einsatz von Dieselgeräten in Hallen

Sollen in Hallen Gabelstapler verwendet werden, sind Elektrogeräte zu bevorzugen. Sollte das nicht möglich sein, so müssen die verwendeten Gabelstapler abgasarme Motoren besitzen.

Hier finden sogenannte Partikelfilter Einsatz. Diese Filter müssen regelmäßig gewartet werden. Beachten Sie hier die Bedienungsanleitung des Herstellers.

Ziehen von Anhängern

Als Grundregel gilt: Das, was der Gabelstapler heben kann, kann er auch ziehen.

Wichtig ist, dass der Gabelstapler den gesamten Zug bremsen kann und der Anhänger ordnungsgemäß mit dem Gabelstapler verbunden wird.

Näheres entnehmen Sie bitte der Bedienungsanleitung des Herstellers.

Rückwärtsfahren mit Einweiser

Eine sehr seltene Ausnahme ist die Zuhilfenahme eines Einweisers.

Normalerweise ist der Gabelstaplerfahrer der Chef im Stapler. Ist aber der Transport oder die augenblickliche Tätigkeit nicht sicher durchzuführen, so muss der Gabelstaplerfahrer einen Helfer, den Einweiser, um Hilfe bitten. Es gibt dabei Folgendes zu beachten:

1. Der Einweiser muss der Aufgabe gewachsen sein.
2. Es muss Sichtkontakt oder Rufkontakt bestehen.
3. Es sind eindeutige Signale zu vereinbaren.
4. Der Staplerfahrer trägt trotz Einweiser die Hauptverantwortung.

Kurzzeitiges Verlassen des Gabelstaplers

Manchmal müssen Sie Ihren Gabelstapler z.B. beim An- oder Abkuppeln von Anhängern oder bei Kommissioniertätigkeiten kurzzeitig verlassen. Dann darf der Schlüssel im Schaltschloss bleiben. Voraussetzung ist aber, dass Sie in unmittelbarer Nähe bleiben und sofort eingreifen können.

Befahren von Rampen und Überladebrücken

Bei dieser speziellen Tätigkeit sollten Sie sich folgende Fragen stellen:

1. Ist die Rampe oder Brücke breit genug?
2. Ist die Rampe oder Brücke gegen Abrutschen gesichert?
3. Ist die Rampe oder Brücke tragfähig genug?
4. Sind beim Fahrzeug oder der Wechselbrücke die Feststellbremsen angezogen und Unterlegkeile untergelegt?

Alles klar?

1.	Darf eine Person in einer Gitterbox stehend mit den Gabelzinken angehoben werden?
A	Ja, wenn nichts anderes greifbar ist
B	Nein, das ist verboten.
C	Ja, wenn die Person mit einem Strick gesichert wird
D	Nein, da der Gabelstapler dabei überlastet wird

2.	Darf ein Gabelstapler im öffentlichen Straßenverkehr eingesetzt werden?
A	Nein, da der Gabelstapler kein Kraftfahrzeug ist
B	Nein, es gibt dazu genaue Vorschriften.
C	Ja, wenn er die speziellen Vorschriften erfüllt
D	Ja, wenn er maximal 50 km/h schnell fahren kann

3.	Wann benötigt der Gabelstaplerfahrer eventuell auch einen Führerschein?
A	Immer, wenn er in den Betriebshallen unterwegs ist
B	Ohne Führerschein ist eine Qualifizierung zum Gabelstaplerfahrer nicht möglich.
C	Wenn er auf öffentlichen Straßen fährt
D	Nur dann, wenn sein Chef das vorschreibt

4.	Muss eine Arbeitsbühne fest mit dem Gabelstapler verbunden werden?
A	Ja, da sie sonst herabstürzen kann
B	Ja, da sie sonst gestohlen werden kann
C	Nein, sie ist immer schwer genug.
D	Nein, da sie von der beförderten Person gehalten wird

5.	Darf man einen Anhänger mit einem Gabelstapler verbinden?
A	Nein
B	Ja
C	Wenn eine Anhängerkupplung vorhanden ist
D	Nur, wenn der Anhänger sicher mit dem Gabelstapler verbunden werden kann

10. Verkehrsregeln/Verkehrswege auch für Flurförderzeuge?

Auch im **innerbetrieblichen Verkehr** gibt es einige Verkehrsregeln für Sie zu beachten:

1. **Benutzen Sie nur die vom Unternehmer freigegebenen Verkehrswege laut Betriebsanweisung!**
2. **Achten Sie immer auf Fußgänger!**
3. **Verstellen Sie nie Notausgänge, Fluchtwege oder Feuerlöscheinrichtungen!**
4. **Beachten Sie die Bodenbelastung, gerade auch bei Aufzügen!**

Wichtige Verkehrszeichen

1. **Verbotszeichen:**

Abb. 10.1
Aufenthalt unter der Last verboten

Der Aufenthalt unter der Last ist lebensgefährlich und deshalb verboten.

Abb. 10.2
Mitfahren auf dem Gabelstapler verboten

Personen dürfen auf Gabelstaplern nur auf einem besonderen Sitz befördert werden.

Abb. 10.3
Für Flurförderzeuge verboten

In einem so gekennzeichneten Bereich hat der Gabelstapler nichts zu suchen.

Abb. 10.4
Abstellen oder Lagern verboten

In diesem Bereich darf aus Sicherheitsgründen nichts abgestellt oder gelagert werden.

2. Gebotszeichen:

Abb. 10.5
Hupen geboten

Hier wird der Gabelstapler leicht übersehen und Sie sollen deshalb hupen.

Abb. 10.6
Gehörschutz benutzen

Es handelt sich um einen Lärmbereich und der Gabelstaplerfahrer muss hier einen Gehörschutz tragen.

Abb. 10.7
Fußgänger

Hier ist mit Fußgängern zu rechnen. Bitte vorsichtig fahren!

Abb. 10.8
Fußschutz benutzen

Das Tragen von Schutzschuhen ist hier erforderlich.

3. Warnzeichen:

Abb. 10.9
Warnung vor Flurförderzeugen

Mit diesem Zeichen wird vor dem Gabelstapler gewarnt.

Abb. 10.10
Warnung vor Gefahren durch Aufladen von Batterien

Elektrischer Strom und Batteriesäure sind gefährlich. Bitte aufpassen!

Abb. 10.11
Warnung vor einer Engstelle

Es wird eng. Denken Sie hier auch an Fußgänger!

4. **Rettungszeichen:**

Abb. 10.12 Rettungsweg/ Notausgang

Parken vor Notausgängen ist tabu für Gabelstapler, auch kurzfristig.

Abb. 10.13 Erste Hilfe

Hier befindet sich eine Möglichkeit zur Leistung von Erster Hilfe (eventuell ein Verbandkasten).

Abb. 10.14: Sammelstelle

Im Notfall sollen sich hier die Mitarbeiter sammeln.

Alles klar?

1.	Darf ein Gabelstapler überall in der Firma fahren?
A	Ja, denn er ist sehr wendig
B	Ja, da er ja nicht schwer ist
C	Nein, Aufzüge sind immer verboten
D	Nein, das legt der Unternehmer fest

2.	Dürfen Personen im Fahrerhaus eines Gabelstaplers mitfahren?
A	Nur, wenn ein zweiter Sitz vorhanden ist
B	Nur, wenn sich die Person gut am Fahrer festhält
C	Nur, wenn es nicht anders geht
D	Nur, wenn niemand etwas dagegen hat

3.	Dürfen sich Personen unter der gehobenen Last aufhalten?
A	Ja, wenn das Verbotsschild am Gabelstapler fehlt
B	Ja, wenn es niemand sieht
C	Nein, das ist immer verboten
D	Nein, aber das ist normalerweise nicht so einfach zu beantworten

4.	Darf ein Gabelstapler vor einem Notausgang abgestellt werden?
A	Ja, kurzfristig während der Frühstückspause
B	Ja, für den Toilettengang
C	Nein, der Notausgang muss immer frei gehalten werden
D	Nein, da sonst Besucher die Firma nicht verlassen können

5.	Muss der Gabelstaplerfahrer Sicherheitsschuhe tragen?
A	Ja, aber die sogenannten „offenen“ Sicherheitsschuhe ohne Fußschutz
B	Aber natürlich
C	Niemals
D	Das entscheidet der Fahrer selbst

Zu Kapitel 5
Schwerpunkt und Kippstabilität – Standdreieck

(siehe Seite 23)

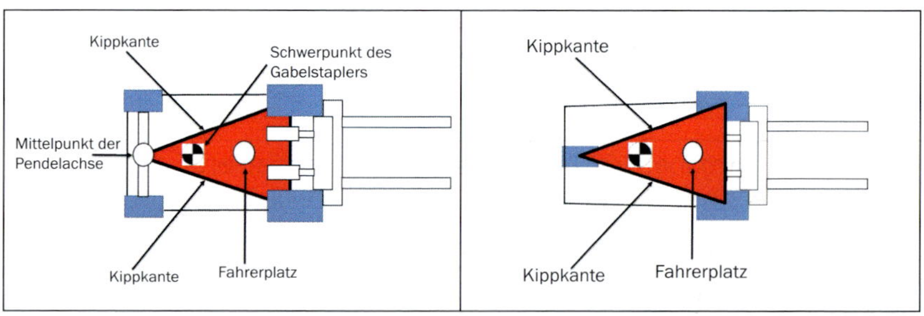

Vierrädriger Gabelstapler **Dreirädriger Gabelstapler**

Das Standdreieck wird aus den Kippkanten gebildet. Für die Standsicherheit ist der Gesamtschwerpunkt entscheidend. Dieser ergibt sich aus dem Schwerpunkt des Gabelstaplers und dem Schwerpunkt der Last. Außerdem wird er beeinflusst durch Fahrgeschwindigkeit in Kurven und Hubhöhe. Gerät der Gesamtschwerpunkt zu nahe an eine der Kippkanten, steigt die Gefahr des Umkippens.

Notizen

Lösungen zu den Kontrollfragen

Frage	Kapitel									
	1	**2**	**3**	**4**	**5**	**6**	**7**	**8**	**9**	**10**
1	B	C	C	C	C	A	C	A	B	D
2	A	D	B	D	A	C	D	D	C	A
3	D	D	B	B	B	D	B	C	C	C
4	D	D	A	C	C	C	B	A	A	C
5	B	A	C	B	D	A	D	C	D	B
6	C	–	–	–	–	–	–	–	–	–
7	A	–	–	–	–	–	–	–	–	–
8	D	–	–	–	–	–	–	–	–	–
9	D	–	–	–	–	–	–	–	–	–
10	B	–	–	–	–	–	–	–	–	–